写给
青少年的
财商课

成小蛋
理财记 赚钱小能手

姚茂敦——著 汪智昊——绘

电子工业出版社
Publishing House of Electronics Industry
北京·BEIJING

人物介绍

钱小蛋

"钱小蛋理财记"系列书主角，7岁，读小学一年级，调皮捣蛋、好玩、爱动脑筋，喜欢以理财小能手自居。与钱菲菲、马大壮、高博文、许思红同班，几个好朋友住在同一个小区。

钱爸爸

投资公司分析师，知识渊博，善于用生动有趣的故事和通俗的语言，讲解深奥的经济学常识，特别是投资理财知识。

钱妈妈

购物达人，公司行政人员，熟悉各种购物省钱技巧。

钱菲菲

钱小蛋的双胞胎妹妹，喜欢给人取外号，对新词汇、新知识都感兴趣，爱"打破砂锅问到底"。

糊涂舅舅

钱小蛋和钱菲菲的舅舅，做事马虎，爱吹牛，经常犯糊涂，钱菲菲送他一个外号：糊涂舅舅。

毛老师

梧桐树小学一年级2班的班主任，善于搞活课堂气氛，鼓励孩子们观察社会现象、增强动手能力、树立正确的金钱观。

马大壮

钱小蛋和钱菲菲的同班同学，钱小蛋的好哥们，勇敢、点子多。

高博文

钱小蛋和钱菲菲的同班同学，胆子小、做事谨慎、成绩好，典型的乖学生。钱菲菲送他一个外号：高博士。

许思红

钱小蛋和钱菲菲的同班同学，和钱菲菲的关系好，表现欲强，爱显摆，经常有各种奇思妙想。

目录

钱小蛋的赚钱妙招

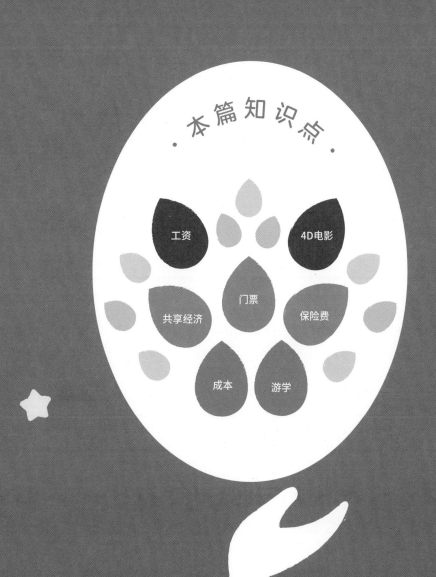

本篇知识点

工资　4D电影　共享经济　门票　保险费　成本　游学

钱小蛋背着书包气喘吁吁地冲进家门，妹妹钱菲菲跟在后面。

咕咚咕咚喝下一大口水后，钱小蛋和坐在沙发上看财经报纸的爸爸说："老爸，我想参加学校的游学活动。"

"游学？什么时间？去哪里啊？"爸爸放下报纸。

"班主任毛老师说，这个周六，我们班去参观市科技馆。"钱小蛋回答。

"爸爸，什么叫游学啊？"一向爱问问题的钱菲菲拉住爸爸的手臂。

爸爸哈哈一笑，说："简单来说，<u>游学就是暂时离开熟悉的学习环境，到另外一个全新的环境中去游玩和学习，相当于把游玩和学习结合起来。</u>"

"原来是这样啊。"钱菲菲似懂非懂地点点头。

"不过，毛老师说需要交钱，每人30元，包括门票和保险费。"钱小蛋耷拉着脑袋，小声说，"可我的零花钱早就用完了。"

"爸爸，为什么要交钱买门票和保险费啊？"钱菲菲追问。

"小菲的问题很好。爸爸问你，假如你的好朋友许思红花了所有的压岁钱买了材料，并且花了很多时间建了一座漂亮城堡，同学们去参观的话，是不是应该付点钱？毕竟，许思红付出了很多成本。"爸爸继续讲解。

"是的。许思红把压岁钱用完了，还花了不少时间，参观的人应该付钱。那么，什么是成本呢？"钱菲菲"打破砂锅问到底"。

"嗯。付钱是尊重别人劳动的表现。"爸爸接着说，"下面，我分别说说什么是门票、保险费和成本。门票经常被称为入场券，一般是主办活动的人或管理旅游景点的人制作、销售和监督使用的凭据，比如很多公园、博物馆等都需要收门票。"

爸爸喝了一口茶，继续说："你们这次游学时缴纳的保险费，是很有必要的。保险费是指购买了保险的人万一在参观过程中发生了意外事故，保险公司就会根据保险合同的约定，对遇到意外事故的人进行赔偿。至于成本嘛，是指人们在进行生产经营活动或提供服务时，必须耗费的金钱或其他资源。懂了吗？"

"知道了。谢谢爸爸。"钱菲菲回答。

"老爸，你可以给我和小菲每人 30 元钱吗？"钱小蛋觉得有点不好意思，低声问。

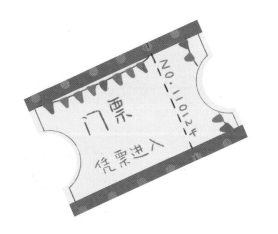

因为钱小蛋和爸爸妈妈商量过，自己上小学一年级后，就是小小男子汉了，不但要主动帮爸爸妈妈分担家务，而且要通过勤劳的双手和智慧来赚钱。所以，他刚刚提完想让爸爸给钱的要求，就有些后悔了。

"小蛋，你可是理财小能手哦，要不这样，你和小菲先开个内部会议，商量下如何赚到这笔钱。如果实在没办法，爸爸再帮忙，好不好？"爸爸微笑着说。

"没问题，老爸，这次我和小菲游学要交的钱，不用你给了。我们一定会赚到这笔钱。"钱小蛋信心百倍地说。

爸爸继续看报纸。钱小蛋和钱菲菲开始商量赚钱计划。

"小菲，这次游学要交的钱，我们自己赚，怎么样？"钱小蛋提议。

"好。可是我们还小，没办法像大人那样上班赚工资，应该怎样去赚钱呢？"钱菲菲有点信心不足，"爸爸，什么是工资啊？"

爸爸转过身，摸着钱菲菲的头，说："工资就是人们参加劳动，由聘请人们劳动的单位在一定期间内支付给工作的人的报酬。比如爸爸的工资，就是由爸爸工作的单位发放的。"

"可我们没有工资，这次游学是不是去不成了？"钱菲菲很紧张。

钱小蛋笑了起来，"放心，我有办法了。我的好朋友马大壮说，他们家这两天要搬新房子，他爸爸给他买的玩具实在太多了，他想找我帮忙，我可

以让他给我 30 元他的压岁钱作为报酬，这样就够了。"

"那我怎么赚钱呢？不能你赚钱了，丢下我不管啊？哼！"钱菲菲急得眼泪都快出来了。

"咋可能忘了你呢，小菲，你画画很不错，可以给爸爸和妈妈分别画一幅画，爸爸妈妈工作辛苦，有时还要把工作带回家来做，你把他们在工作时的样子画下来，然后在给爸爸的画上写上'爸爸你辛苦了'，在给妈妈的画上写上'妈妈我爱你'。"钱小蛋继续建议，"因为画画要动脑子，比我帮马大壮整理玩具更费时间，这样的话，每幅画可以标价 15 元，爸爸妈妈向你购买，两幅画不就 30 元了吗？"

"哇，小蛋你真聪明。"钱菲菲夸奖了哥哥。

钱妈妈正在客厅看电视，见钱菲菲和钱小蛋回到家，问这次游学有什么感受？

"妈妈，我太喜欢科技馆的 4D 电影了。英雄和坏蛋在水里打架时，我们脸上被喷了好多水呢，连椅子都在不停晃动，那些可怕的场面好像就在眼前一样，可把我吓坏了。"钱菲菲兴奋地汇报感想，"妈妈，4D 电影为什么那么厉害啊？"

"嗯，看来你们这次游学收获很多啊。所谓 <u>4D 电影，是在 3D 立体电影的基础上，将震动、吹风、喷水、烟雾、气泡及气味等特效与剧情结合起来的一种电影，可以让人有一种身临其境的感觉</u>。"妈妈解释着，然后转过身来问："小蛋，你有什么感想，也给妈妈说说。"

"老妈，这次参观的很多展品很好看，特别是高大威猛的变形金刚太酷了，但我现在很烦呢！"钱小蛋想到马上要交的作业，显得情绪低落。

"哦，什么烦恼？说说看，我可以给你出出主意。"妈妈关心地问。

"毛老师要求每个人都要上交关于这次参观的作业。小菲可以画画，可我不会。我想做一个变形金刚的模型，但我的材料不够。"一向足智多谋的钱小蛋有些慌了神。

"别担心。现在是共享经济时代。<u>共享经济是指利用互联网等技术将分散的海量闲置资源进行整合并共享，主要体现为使用权的暂时转移或所有权的让渡，是一种新型的经济</u><u>形态和资源配置方式。</u>比如，小蛋你把自己的游戏机拿出来，马大壮把自己的单车拿出来，高博文把自己的画板拿出来，你们三个人是不是就可以使用自己没有的东西了啊。当然了，这种情况只能算是共享，只有你们因使用别人的东西而付费，才算是真正的共享经济。"妈妈将复杂的经济学知识讲得深入浅出。

"谢谢妈妈。有办法了。"钱小蛋说完，一溜烟找马大壮去了。

钱菲菲的旅游梦想

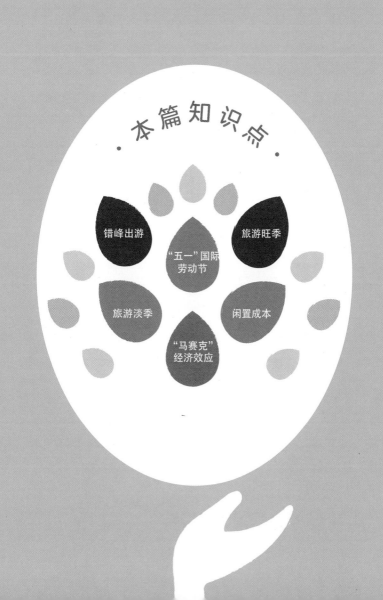

本篇知识点

错峰出游

旅游旺季

"五一"国际
劳动节

旅游淡季

闲置成本

"马赛克"
经济效应

刚从超市回来的钱妈妈，提着大包小包的东西敲门，她一边敲门一边喊："菲菲，小蛋，快开门，妈妈累坏了。"

钱菲菲打开门，赶紧接过妈妈买的东西。

"妈妈，这是游乐园免门票的宣传资料。我正想去坐游乐园的海盗船呢。"钱菲菲眼尖，从妈妈带回来的购物袋中发现了一个好东西。

"你不是要上学吗？哪里有时间去玩？"妈妈问。

"妈妈，今天星期四了，下个星期一就是'五一'国际劳动节呢。你可早就说了要带我去游乐园玩，大人可不能骗人！"钱菲菲急得眼泪都快流出来了。

"我也要去。我要玩大摆锤。"钱小蛋也跟着嚷嚷。

妈妈见两个小家伙都想去游乐园，自己确实答应过要带他们去玩，便说："嗯，可以去游乐园玩。但妈妈要考你们三个问题，每个人至少答对一个问题才能去，怎么样？"

"好。我可是聪明绝顶的钱菲菲。"钱菲菲一副志在必得的样子。

"还有我，理财小能手钱小蛋。"钱小蛋毫不示弱。

"第一个问题，为什么游乐园要免门票？第二个问题，'五一'国际劳动节是什么节日？第三个问题，'五一'假期游客太多，小孩子容易被踩伤，如何解决安全问题？"妈妈一口气说完三个问题。

"我来回答第二个问题。'五一'国际劳动节肯定和劳动有关，不过，具体怎么回事我不知道……"急于抢答的钱菲菲不好意思地低下头。

妈妈鼓励道："确实和劳动有关。'五一'国

11

际劳动节又称国际示威游行日，是世界上80多个国家（地区）的全国性节日，定在每年的5月1日，它是全世界劳动人民共同的节日。设立这个节日，是为了纪念无数劳动者通过顽强的斗争，争取到合法权益。"

钱小蛋说："我来回答第一个问题。游乐园免门票，目的是吸引更多游客入场，去玩更多的游乐项目，增加其他消费，比如买水、吃饭、买纪念品。一段时间不收门票，游乐园看起来吃亏，其实可以赚得更多。"

"理财小能手回答正确。"妈妈表扬道。

"哼，没什么了不起的。"钱菲菲不服气，抢着回答第三个问题，"解决小孩子安全问题的办法很简单，我们可以错峰出游，也就是避开旅游的高峰时段。提前一两天去玩，人就会少很多，就

不会有危险了。"

"不错，菲菲也答对了，测试通过。"妈妈当场答应了。

钱菲菲继续说："其实，旅游分为旺季和淡季，如果我们选择在淡季去玩，也可以避开拥挤情形呢。"

"旺季、淡季？什么意思啊？"钱小蛋一脸茫然。

钱菲菲解释说："旅游旺季是指旅游的人数明显增多的月份，旅游淡季是指旅游的人数明显减少的月份。"

"菲菲说得对，你从哪里知道这些的？"妈妈问。

"许思红的妈妈是旅行社经理，上次去她家玩，

她妈妈告诉我们的。我还知道，我们国家的旅游旺季一般是每年的 4 月到 11 月，还有元旦、春节等节假日，其他时间一般都是淡季。"

"嗯，真不错。那我们就在'五一'国际劳动节的前一天去玩吧。"妈妈做出安排。

在游乐园里，钱爸爸和钱妈妈带着钱菲菲和钱小蛋开心地玩耍着。

钱菲菲不仅玩了她最喜欢的海盗船，还坐了摩天轮、小火车、旋转木马，而钱小蛋则玩了大摆锤、碰碰车、过山车，还去了阴森森的鬼屋。

因为"五一"假期要第二天才开始，所以游客并不多，也不用排队。两个孩子安全又开心地玩了一圈之后，妈妈分别奖励两个小家伙一人一根冰激凌。

"爸爸，这个游乐园建了那么多设施，要花很

多钱，如果没人玩的话，不是很浪费吗？"爱提问的钱菲菲忍不住问爸爸。

"嗯，菲菲问了一个很重要的经济学问题。平时玩的人少，这些设施处于闲置状态，就会产生闲置成本。闲置成本是指闲置生产能力所耗费的成本。好比一家工厂买了生产设备用来生产毛绒玩具，如果工厂一段时间没有订单，就会产生闲

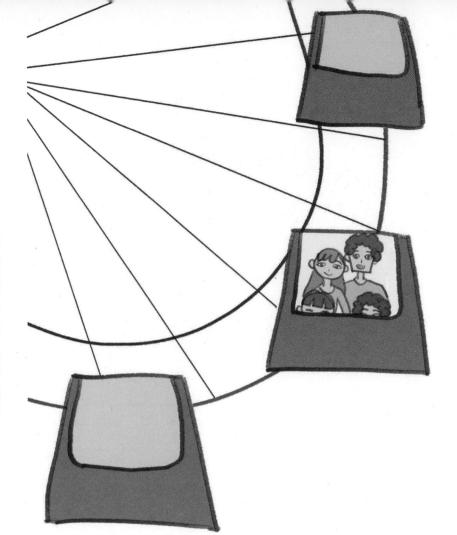

置成本，这个成本越高，商家就越有可能出现亏损。"爸爸解释道。

"那怎么办？出现亏损后，工厂的工人不是没钱吃饭了吗？"钱菲菲焦急地追问。

"嗯，所以商家就得想办法。这次游乐园免门票，就是为了吸引更多游客进来使用这些设施，从而降低闲置成本，提高收入。"爸爸一边解释一边抛出一个问题，"建游乐园虽然没法每天都做到游客爆满，但能带来很多好处，你们知道有哪些好处吗？"

钱小蛋摸了摸脑袋，若有所思地说："建游乐园后，里面有很多好吃的，可以让那些卖东西的人赚到钱，然后这些人给国家缴税。"

"缴了税之后，国家可以把这些钱集中起来，修高速公路，修机场。"钱菲菲展开了联想。

"你们说得很对。但远远不止这些，大型游乐园一旦建成，会形成'马赛克'经济效应。"爸爸提出一个新词汇。

"什么是'马赛克'经济效应啊？"钱妈妈、钱小蛋和钱菲菲不约而同地发问。

爸爸哈哈一笑，解释说："'马赛克'经济效应，就是在一个地区，围绕一种主导产业或大型项目，形成原料供应、销售、科研、教育培训、咨询、广告及商务中介等服务体系，其相关的服务产品像一片片'马赛克'围绕在主导产业或大型项目周边。比如，著名的迪士尼乐园，每开到一个地方，都会形成这种效应呢。"

"原来是这个意思。今天真开心，不但玩了很多我喜欢的项目，还学到了知识。谢谢爸爸妈妈。"钱菲菲牵着爸爸妈妈的手，向大门走去，而钱小蛋又第一个跑在前面。

钱爸爸的年终奖计划

本篇知识点

年终奖

经济效益

理财

股票

基金

理财
亏钱原因

吃过晚饭，钱爸爸召集所有家庭成员开会。

"今晚开个重要的家庭会议，主要有两件事。"钱爸爸开心地宣布，"第一件事，因为工作表现突出，我拿到了一大笔年终奖。大家想知道多少吗？"

性子最急的钱菲菲抢答："是不是 500 元啊？爸爸。"

在 7 岁的钱菲菲眼里，100 元就是一笔不少的钱了，既然爸爸说是一大笔钱，肯定比 100 元要多。

"500 元叫一大笔钱吗？"钱小蛋取笑道，"肯定是 1000 元。"

爸爸却连连摇头，说："都不对，钱妈妈猜一次。"

"莫非有 1 万元？"钱妈妈大着胆子说出了一个数。

爸爸哈哈大笑，自豪地说："是 5 万元！"

"哇，爸爸发财了！好多钱啊，我都数不过来了。"钱菲菲惊叫起来。很快，她"打破砂锅问到底"的毛病又犯了，"爸爸，什么叫年终奖啊？"

钱小蛋也用羡慕和期待的眼神看着爸爸。

"<u>年终奖就是单位根据一年来的经济效益，结合员工全年工作表现和业绩考核情况，给员工发放的一笔奖金。</u>"爸爸说，"比如，动物园请员工照顾可爱的动物，员工做得很出色，到了年底，动物园就会给员工发些钱作为员工的年终奖，感谢员工的付出。"

"原来是这样啊。那如果我请好朋友许思红帮忙照看一段时间的小狗，我是不是也应该给她发年终奖呢？"钱菲菲举一反三。

妈妈摸摸菲菲的头，表扬说："是的。菲菲真聪明。"

"那我怎么听高博文说，他爸爸没有年终奖呢？不是每个工作的大人都有年终奖吗？"钱小蛋百思不解。

爸爸接着钱小蛋的话题，说："并不是每个人都有年终奖。如果单位经济效益不好，就没有多余的钱发年终奖。另外，员工平时工作不努力，也有可能没有年终奖。"

"爸爸，经济效益是什么意思？"钱小蛋总算抓住一个发问的机会。

爸爸继续讲解："经济效益的概念有点复杂，简单来说，就是通过商品和劳动的对外交换而获得的收益。经济效益好，代表收入大于成本支出。比如，小区门口张伯伯的面馆，一天平均卖出60碗面，一碗面10元，一天的收入共600元；店面租金、水电气和员工工资等成本支出一天是200元，一天可以纯赚400元，说明张伯伯的面馆的经济效益不错，年底可以给员工发年终奖了。"

正在这时，快递员打来电话，钱爸爸下楼取回快递，然后继续说："刚才已经说了一件事，第二件事更重要哦，就是讨论一下这笔年终奖怎么用？欢迎大家发表意见。"

"要不，全家去北京旅游吧。我想去爬长城。"钱小蛋兴奋得跳了起来，仿佛马上就可以出发。

"不行，小蛋，应该把钱存起来，今后我们需要花很多钱的时候，再拿出来用。"钱菲菲第一个反对。

钱妈妈是购物达人，自然不愿放过这次机会。

她的建议是给每人买一套新衣服过年。

听完大家的想法，钱爸爸微笑着说："每个人的建议都很好。不过，我打算把这笔年终奖用来理财，可以获得一定的收益回报。你们觉得呢？"

"唉，又玩不成了。"一听说这笔钱另有用途，

钱小蛋像泄了气的皮球。

"爸爸，理财是指把钱拿去买东西，然后赚更多的钱吗？"钱菲菲睁着一双大眼睛问。

"嗯。理财就是对财产进行主动管理，以实现财产保值和增值的目的。比如，某人有一笔闲钱，可以放在家里，这既不安全，也没有收益。他可以用这笔钱买理财产品，到了一定时间，可能会赚到更多的钱。"爸爸进一步解释，"但要提醒下，并不是每一笔理财都会赚钱，也可能会亏钱。这就需要我们在理财时，要选对产品，而产品的种类有很多，如股票、基金，等等。"

"理财为什么会亏钱呢？"钱小蛋追问，"还有，股票、基金是什么啊？"

"理财亏钱的原因很多，主要有几个：缺少专业知识、不了解市场变化、没选对产品、

钱小蛋理财记 ● 赚钱小能手

对回报期望值过高、盲目跟风等。"

爸爸摸着钱小蛋的小脑袋，继续说，"<u>股票是股份公司为筹集资金而发行的一种凭证，机构或个人买入后，可以获得股息、红利或低买高卖获利的一种有价证券。而基金的范围很广，最常见的基金是证券投资基金，是指将通过汇集大量投资者的资金交给银行保管，由基金管理公司负责投资于股票、债券等，以实现保值增值目的的一种投资理财工具。</u>"

"感觉理财好难啊。"钱菲菲感叹道，"我和小蛋太小，需要慢慢学习，妈妈给个建议吧。"

"嗯，理财是一门大学问，包含很多知识。我是投资公司的分析师，后面我会慢慢给你们讲解。现在，我们请妈妈说说买什么好？"钱爸爸笑嘻嘻地看着钱妈妈。

妈妈思考了一会，说："就买基金吧。"

不过，钱菲菲很好奇的是，为什么妈妈建议买基金，而不是其他？

看着钱菲菲一脸疑惑，爸爸说："妈妈的建议很好，因为买基金有几个优势：一是基金有专业人士管理，我们不用操心；二是基金采取组合投资的方式，可以分散风险；三是基金交易费用较低、透明度较高；四是钱少也可以购买，比如几百上千元都可以购买基金。"

"原来妈妈也成理财专家了。"听完爸爸的点评，钱小蛋不由对妈妈赞叹道。

"今天的家庭会议开得很成功，就这么定了。"钱爸爸对每个人的建议都鼓掌表示感谢，然后宣布散会。

钱妈妈的酒会礼物

本篇知识点

形象顾问　　酒会

财务顾问

财务决策　　预算

量入为出

周末，一家人去野外踏青。钱妈妈的弟弟，也就是钱小蛋和钱菲菲的舅舅，也开着他的小轿车来了。这一次，舅舅是当踏青活动的专职司机。因为舅舅做事经常丢三落四，钱菲菲给他取了个外号：糊涂舅舅。

在一块风景宜人的草地上，钱小蛋奔跑着踢足球，钱菲菲用捕虫网追蝴蝶，钱爸爸和糊涂舅舅下象棋，钱妈妈织毛衣，每个人都玩得很开心。

午餐时间到了。一家人围坐在一起，有说有笑。

钱妈妈说，公司月底要开一个酒会，领导指派她担当主持人，她很想打扮得漂亮一点，希望大家帮忙出出主意。

"哇，妈妈要当主持人咯，肯定最漂亮了。对了，什么叫酒会啊？"钱菲菲投来羡慕的目光，不放过任何一个问题。

糊涂舅舅抢过话题，自信满满地说："菲菲，舅舅经常参加各种酒会，舅舅告诉你答案。酒会就是单位或个人为了纪念重要的事情，或者增进感情而举行的一种招待活动。记住了。"

钱菲菲知道糊涂舅舅爱吹牛，于是把目光转向妈妈，"舅舅说的是对的吗？"

妈妈微笑着点点头。

"这次舅舅总算不糊涂了，哈哈！"钱小蛋一边取笑糊涂舅舅一边出主意，"妈妈可以把之前的漂亮衣服找出来，拿去干洗店熨烫下，废物利用，这样就不用买新衣服了！"

"小蛋，不许乱说。主持人都要穿漂亮的衣服，自然要买新的。糊涂舅舅，你说是吗？"钱菲菲开始找援兵。

27

"嗯。同意菲菲的意见。"糊涂舅舅附和着。

"为了照顾小蛋和菲菲，妈妈已经好几年都没有打扮自己了，为了让妈妈成为酒会上最漂亮的人，我决定从我的股票盈利中拿出 1500 元作为经费，专门用于这次妈妈的酒会着装。"钱爸爸还宣布了一个令人激动的计划，"为了协助妈妈达成目标，特别邀请菲菲担任妈妈的形象顾问，邀请小蛋担任财务顾问。你们愿意吗？"

"愿意！不过，形象顾问是做什么的啊？"钱菲菲虽然很兴奋，但对于新角色她显然还不清楚其具体职责。

"太酷了。但是，财务顾问又是做什么的啊？"钱小蛋也跟着问。

爸爸哈哈大笑，说："形象顾问，就是对人的举止仪态、穿着打扮、肢体语言及交际礼仪等方面有深入研究，并对他人提供专业建议或服务的人。而财务顾问是指为顾客提供投资理财、财务咨询等专业服务的人。比如，楼上的王大爷做生意赚了不少钱，但没读过书，他就可以请一个精通财务的人当他的财务顾问。"

"可我们还小，并不懂形象和财务知识啊？"钱小蛋还是有点担心。

妈妈将两个小家伙搂进怀里，鼓励说："爸爸当然知道你们还不是专业人员，但把这个重任交给你们，是希望你们能从小学会思考，树立起爱学习的好习惯，将来做一个对社会有用的人。别担心，我们一起来完成。"

晚上，电脑前。钱小蛋作为妈妈的财务顾问，开始讲解 1500 元的支出安排。爸爸、妈妈和钱菲菲围坐一旁。

"我的计划是这样的。600 元，用来买晚会穿的衣服；400 元，用来买化妆品；500 元，买项链和耳环。为了尽量节约钱，这些东西都可以从网上购买。妈妈，可以吗？"钱小蛋觉得当财务顾问的感觉简直太棒了。

"嗯，安排得很好。"妈妈表扬了钱小蛋。

"小蛋，衣服不能从网上买，要去做衣服的店里定做，才更合身。"钱菲菲表示反对，并提出了自己的建议，"你的计划得修改，可以改成衣服 800 元，化妆品 300 元，项链和耳环 400 元。另外，我觉得白色的长裙更好，配上新的项链和耳环，再加上香香的化妆品，妈妈肯定很漂亮，嘻嘻。"

"很好。小蛋和菲菲都有自己的想法。"爸爸说，"最主要的一点是，在预算有限的情况下，你们都做出了可行的财务决策。"

"什么是财务决策？"钱菲菲在遇到不懂的事情时，总是会第一个发问。

爸爸喝了一口茶，解释说："财务决策，就是对财务方案进行比较选择，并做出合理可行的决定。其中的关键是合理可行，就是说支出不能超过预算。比如，妈妈给菲菲 10 元零花钱，如果你买东西花的钱在 10 元以内，就合理可行；如果买东西花的钱超过 10 元，就不合理也不可行。"

"看来，我的计划可行但不合理。因为去店里定做衣服的价格肯定比从网上买要贵。"钱小蛋有些不好意思，"对了，预算是什么意思啊？"

"好问题。简单来说，预算可以理解为单位或个人根据未来一定时期内的收入和支出情况制订的一个计划。这个计划，可以是以月度、季度或年为单位，而且收入和支出是可以调节的。比如，一个家庭每月可以用的钱是 4000 元，如果这个月用掉的钱超过 4000 元，那么下个月就要节约用钱，填平这个月超出预算的'窟窿'。"爸爸一口气说了不少知识。

"那么，做预算要注意哪些细节呢？"钱小蛋对理财知识越来越感兴趣了。

妈妈接过话题，说："小蛋问得好。不管是现在还是将来，你们在做个人预算时，一定要遵循量入为出的原则。"

"量入为出？"钱小蛋一脸茫然。

"量入为出，意思是根据收入的多少来决定支出的限度。假设，小蛋每个月的零花钱是 50 元，那么，你每个月买零食和其他物品花的钱就不能超过 50 元，否则，就只能动用你的压岁钱了。"妈妈解释道。

"明白了。今天又学习了好多知识。那现在就给妈妈买新衣服吧。"钱菲菲开心地提议道。

"你们的表现都很好。那我们在网上查找要买的东西然后下单吧。"爸爸说完，打开了电脑。

糊涂舅舅的车被水淹了

本篇知识点

水泡车　网约车　4S店　电子保单　涉水险　定损员

星期六，天刚刚亮，钱小蛋就听到爸爸接到糊涂舅舅的紧急电话。原来，糊涂舅舅住在一个地势很低、容易淹水的老旧小区。连续几天的暴雨，整个城市到处都是很深的积水。正在外地出差的糊涂舅舅很担心自己的车会被水泡了，于是焦急地打来电话求援，请钱爸爸立即去看看情况。

爸爸挂断电话，马上在手机上用打车软件约了一辆车，钱小蛋嚷着要一起去，爸爸允许了，两人匆匆下楼。

刚走出小区大门，爸爸预约的车正好轻快地停到面前。钱小蛋觉得太神奇了，在他的记忆中，之前打出租车，都是在看到空车时才能招手拦下，能不能打到车，有时完全靠运气呢。

"爸爸，你用手机约的车为什么这么快就到了？你有什么魔法吗？"钱小蛋好奇地问。

爸爸哈哈大笑，说："爸爸没有任何魔法。我们坐的车叫网约车，是一种新的打车模式。这样吧，请司机叔叔给你说说，怎么样？"

"好啊好啊。"钱小蛋很是兴奋。

"那叔叔就给小朋友说说什么是网约车，还有网约车和出租车比较有哪些优点，以及小朋友乘坐网约车的注意事项。"前排的司机叔叔打开话匣子，"网约车是网络预约汽车的简称。相比出租车，网约车有三个优势：一是乘客等待时间短，二是比较干净，三是车费相对便宜。不过，叔叔要提醒你，为了安全起见，小朋友可不能单独乘坐网约车哦，必须有大人陪同，毕竟司机中可能有坏人，万一遇到危险的情况，记得想办法马上报警。"

"嗯，叔叔说得很好。小蛋一定要记住了。我们到了，下车吧。"爸爸提醒道。

"记住了。谢谢叔叔，再见。"钱小蛋礼貌地和司机叔叔告别。

钱小蛋和爸爸走进糊涂舅舅居住的小区，他一眼就看见那辆熟悉的白色轿车泡在水里了。

爸爸围着舅舅的车转了几圈，分别用手机从不同角度拍了照片，然后打电话给糊涂舅舅："你的运气不错，积水没有进排气口，发动机应该没什么问题，要不然成水泡车就麻烦了。不过，建议让4S店拖回去全面检查一下。"

"爸爸，水泡车是什么意思？4S店又是干什

么的啊？"钱小蛋好奇地连续发问。

爸爸把手机放进裤兜，解释说："<u>水泡车是指由于暴雨的原因，一些停在地下车库或低洼地的车辆未能及时被开走而被积水长时间浸泡的车。</u>这种被水泡过的车，容易发生严重的故障，如果再开上路的话，司机和乘客都不安全。<u>而 4S 店，是一种提供整车销售、零配件、售后服务和信息反馈的汽车销售公司。</u>比如，你舅舅的车，因为被水泡了，最好送回卖出这台车的 4S 店，由 4S 店对这辆车进行检查维修。"

"明白了。"钱小蛋的脑袋里突然冒出一个新问题，"那要不要报告保险公司呢？上次，我们坐马大壮爸爸的车出去玩，车坏在半路上了，马大壮爸爸马上打电话给保险公司了。"

"对对，我差点忘了，幸好小蛋提醒。"爸爸掏出电话，再次打给糊涂舅舅，"你马上在手机上查询下电子保单，通过微信传给我，我帮你报告保险公司，让保险公司的定损员来看看。"

很快，爸爸的手机就收到了糊涂舅舅发过来的电子保单，他赶紧打电话给保险公司，替糊涂舅舅报了案。

吃午饭时，钱小蛋忍不住问："爸爸，什么叫电子保单？"

"小蛋也和菲菲一样，开始爱问问题了。"爸爸说，"<u>电子保单是指保险公司利用数字化技术，为客户签发的具有保险公司电子签名的合同证明文件。</u>电子保单和纸质保单的法律效力是一样的。"

当天下午，糊涂舅舅就坐飞机赶了回来。没过多久，4S 店的救援车和保险公司的定损员也都到了。

钱小蛋和爸爸陪着糊涂舅舅处理车辆泡水的问题。保险公司的定损员对车辆泡水情况进行详细检查。幸运的是，经过确认，发动机没有问题。但其他地方，比如座椅、内饰需要维修处理。让钱小蛋觉得不可思议的是，定损员很快报出了保险公司需要赔偿的金额。

没多久，救援车就将糊涂舅舅的车拖回 4S 店对其进行维修保养了。

糊涂舅舅认为，要是积水淹没发动机，就会有大麻烦。为了避免出现这种情况，他打算下一年增加购买涉水险。

"这个险是不是专门用来对付下大雨的？"钱小蛋猜测，"如果买了这个险，车子被水泡，保险公司都会赔偿吗？"

"<u>涉水险是一种车主为发动机专门购买的险种，其主要保障车辆在积水路面行驶或被水淹后，当发动机被损坏时可以获得赔偿。</u>"糊涂舅舅说，"不过，如果车辆被水淹后，车主强行启动发动机而造成损害，那么保险公司是不会赔偿的。所以，不是说买了保险就万事大吉，哪些损失能获得赔偿，保险合同有约定。"

"原来还有这么多讲究啊。谢谢舅舅。"钱小蛋很高兴又学到了一些新知识。

回家路上，钱小蛋还问了一个问题，就是保险公司的定损员主要是做什么的？

"<u>定损员是能根据汽车构造原理，通过科学系统的专业检查和测试手段，对汽车的事故现场进行综合分析，运用车辆定损资料与维修数据，对车辆修复进行赔付定价的专业人员。</u>"爸爸说，"现在的行业分工越来越细，等你长大了，通过不断学习，你也可以成为某一个行业的专业人士。怎么样，期待吗？"

"好啊！"钱小蛋开心得一蹦三尺高。

毛老师的特殊作业

本篇知识点

农业

km/h

高铁

国家名片

四大发明

混养

星期四上午的第一节课，是班主任毛老师的语文课。

钱小蛋、马大壮和高博文不太喜欢毛老师的语文课，他们觉得毛老师比较严肃，而且毛老师对女同学很温和，对男同学有点凶。

毛老师走进教室，让大家打开语文课本第25页。

"同学们，今天我们来学习新的拼音，下面跟我读：gēng dì 耕地，bō zhǒng 播种，jiāo shuǐ 浇水，chú cǎo 除草，shī féi 施肥，shōu huò 收获。"毛老师领读。

全班同学齐声跟读。

"各位同学，有谁知道这些词语有什么共同点吗？知道的请举手回答。"反复拼读几遍之后，毛老师开始提问。

"老师，是不是和吃的有关？"许思红举手回答。

毛老师点点头，说："很好。有点接近答案了，但还不是太准确。还有谁来说说？"

"老师，这些词都和泥土有关。"坐在最后一排的一个男同学站起来大声说。

"请坐下。回答正确。"毛老师说，"我们吃的很多食物，比如蔬菜、水果、大米，都是从泥土里长出来的，而要想收成好，都必须经历耕地、播种、浇水、除草、施肥、收获几个环节，而这些都是农业的基本生产环节。"

"老师，什么是农业？"一位女同学举手发问。

"嗯，农业就是利用动植物的生长发育规律，通过人工培育来获得产品的产业。农业的劳动对象是有生命的动植物，获得的产品是动植物本身。比如养鱼、种菜，等等。"毛

老师解释道。

"老师，那我养狗狗，算农业吗？"马大壮站了起来。

"哈哈哈哈！"全班同学哄堂大笑。

"安静！安静！"毛老师让马大壮坐下，进一步说明，"如果是养一两条狗作为宠物，不算农业。如果是养殖几十条、上百条狗，目的是出售赚钱，就可以算农业的分支，也就是养殖业。明白了吗，马大壮。"

"明白了，谢谢老师。"马大壮回答。

"同学们，为了让大家体验农活的辛苦，老师布置一道特殊的课外作业，就是大家在家长的带领下，每个人亲自参与一项农活，老师下个星期一进行抽查，被抽到的同学，要给大家讲一讲所参加农活的细节。记住了！"毛老师布置完作业，宣布下课。

为了完成毛老师布置的作业，同时让孩子们树立起尊重他人劳动成果的良好习惯，钱爸爸和钱妈妈决定带钱小蛋和钱菲菲坐高铁回乡下老家，让他们跟着爷爷体验一下真正的农活。

看着高铁车厢过道顶部显示屏上的数字由210km/h一下子变成250km/h，钱菲菲很好奇。

"爸爸，那个数字不断在变化，后面的'km/h'很像拼音字母，是什么意思啊？"钱菲菲问。

"菲菲观察得真仔细。不断变化的数字，是我们乘坐的高铁的速度。"爸爸说，"'km/h'不是拼音，是英文千米每小时的意思，其中，'km'是英文 kilometer（千米）的缩写，'h'是hour（小时）的缩写，千米又称公里，是国际标准长度计量单位，210km/h 意思是速度为每小时 210 公里。"

钱小蛋听得津津有味，突然，他想到一个问题，"爸爸，为什么之前回老家坐的火车的速度没今天的快？"

爸爸说："之前坐的是普通列车，今天我们坐的可是高铁，速度当然要快很多。"

"什么是高铁？"钱小蛋追问。

"高铁是高速铁路的简称，是指基础设施

设计速度标准高，可供火车在轨道上安全高速行驶的铁路，列车运行速度在 200km/h 以上，有的甚至可以达到 400km/h。"爸爸自豪地说，"目前，我国的高铁的技术是全世界最好的，发展速度是最快的，高铁已经成为我国的一张新的国家名片。"

"国家名片又是什么？"钱小蛋被说蒙了。

"国家名片是我国的某一领域、行业或项目能够体现国家荣誉的代称。比如，除了高铁，还有网购、支付宝和共享单车，这四样都是国家名片，还被外国人评为中国的新四大发明呢。"爸爸一口气说了很多东西。

"新四大发明？那旧四大发明是什么？"钱小蛋继续追问。

"旧四大发明也可以称为中国古代四大发明，

是指对世界具有重大影响的四种发明，分别是造纸术、指南针、火药和印刷术。这四种发明对中国古代的政治、经济、文化的发展产生了巨大的推动作用，而且这些发明经过各种途径传至西方，对世界文明和人类发展也产生了很大的影响。"

"哇，爸爸太厉害了。"钱菲菲觉得爸爸似乎永远问不倒。

不知不觉中，40 分钟很快过去了，妈妈提醒大家下车："孩子们，到站了，带上你们的行李，我们下车吧。"

爷爷开着他的皮卡车早就等在了车站外。

到家后，妈妈帮着奶奶准备午饭，钱小蛋、钱菲菲和爸爸跟着爷爷去他的鱼塘喂鱼、喂鸭子。

走了 10 分钟左右，他们来到了一个大鱼塘，只见水面有成群的鸭子在欢快地追逐着，鱼儿不时跃出水面。

爷爷把鱼饲料和鸭饲料分别装在两个盆里，开始分配任务，"小蛋喂鱼，菲菲喂鸭子，怎么样？"

"不，爷爷，我要喂鱼。我害怕鸭子用嘴啄我。"菲菲提议交换任务，"小蛋，可以吗？"

"没问题。交换就交换。"小蛋表现出很勇敢的样子，其实，他也有点害怕鸭子，但不能在菲菲面前认输。

"爷爷，鸭子和鱼都在一个鱼塘，鸭子会不会把鱼吃掉啊？"菲菲担心地问。

"菲菲，完全不用担心。这种养殖模式叫混养，也就是在同一水体中同时放养两种以上（含）生物的养殖方式。混养的好处很多呢，鸭子可以吃掉水中的水蜈蚣、龙虱等对鱼类有害的生物，鸭粪分解后，可以成为很好的鱼饲料，能促进鱼的生长，从而提高鱼的产量。"爷爷说。

"明白了，谢谢爷爷。"得到满意的答案后，钱菲菲和钱小蛋分别端着饲料盆喂了鱼和鸭子。

当晚，爷爷在两个小家伙的协助下，专门抓了一只很肥的鸭子和两条大鲤鱼，奶奶分别用它们做了香喷喷的卤水鸭和红烧鲤鱼。

第二天，小蛋和菲菲又跟着爷爷去地里玩了一个上午，下午才坐高铁回到城里。两个小家伙不但圆满地完成了老师布置的作业，还和爸爸妈妈、爷爷奶奶度过了一个愉快的周末。

马大壮的生日礼物

本篇知识点

鱼香肉丝

撒尿牛丸

有价

无价

等价交换原则

物品交换

星期天是马大壮的 7 岁生日，钱小蛋、钱菲菲、高博文、许思红几个好朋友都应邀去马大壮家里做客。

马大壮的爸爸是工程师，妈妈是厨师。

马大壮一家热情地接待了几位小朋友。马妈妈还给大家做了很好吃的蛋糕、水果沙拉、撒尿牛丸、芹菜牛肉、鱼香肉丝。

吃饭时，钱小蛋的好奇心又上来了，他偷偷和钱菲菲小声嘀咕道："撒尿牛丸这个名字好奇怪，里面不会真的是牛撒的尿吧？"

"小蛋，小声点。不许乱说！"钱菲菲担心小蛋的话被其他人听到，赶紧轻声提醒。

"嘿嘿，我听到了。小蛋，撒尿牛丸很香，我妈妈经常做给我吃呢。"坐在钱小蛋旁边的马大壮一脸得意，"牛丸里边当然不是牛撒的尿。"

"哈哈哈哈！"几个小朋友都开心地笑了起来，钱小蛋觉得很尴尬，满脸通红。

"小蛋，撒尿牛丸是我国的一道传统名菜，做的时候，先把猪皮洗干净，放入水中煮到松软，然后把汤汁倒出来冷冻，成为猪皮冻。接着，再把调料及猪皮冻还有虾仁放在一起进行搅打、捣碎，再把做好的牛肉泥捏成丸子，然后下锅煮熟。因为在吃的时候，里面的汤汁四溅，像牛撒尿，所以这道菜得了这个名字。"马妈妈对撒尿牛丸做了简要说明。

"哇，阿姨好厉害啊。"许思红用崇拜的眼神看着马妈妈说，"那鱼香肉丝里面有鱼吗？"

"嗯，我们国家地大物博，饮食文化极为丰富，每个地方都有自己的特色菜，而且很多菜名都很有趣。"马妈妈继续介绍，"比如鱼香肉丝，就是一道常见

的四川传统名菜。这道菜的主要食材是猪肉，配料有木耳、胡萝卜丝、青笋等，吃起来有咸甜酸辣的口感，有鱼香味，其实并没有鱼肉。大家知道了吗？"

"知道了。谢谢阿姨。"几个小家伙异口同声地回答。

¥🥚·····¥🥚·····¥🥚·····

吃过午饭，小伙伴们来到马大壮的房间里玩耍。

马大壮拿出了一大堆玩具，大家玩得可开心了。钱菲菲和许思红一起搭建积木城堡，钱小蛋和高博文一起玩马大壮的火箭玩具。

"马大壮，可以把你的火箭玩具借给我玩几天吗？"钱小蛋对火箭爱不释手。

马大壮一把抢过去，大声说："不行。这是我最喜欢的玩具，不能借给你，要是被你搞坏了怎么办？"

马爸爸推门进来，正好见到马大壮和钱小蛋争夺玩具，他赶紧制止马大壮说："大壮，这个火箭玩具只值 100 元，是有价的，就算坏了也没关系，你和小蛋是好朋友，友情却是无价的。"

"叔叔，有价和无价是什么意思？"高博文问。

"嗯，博文问得好。有价就是指一件物品可以用金钱来衡量，比如玩具、房子、车子，等等；而无价，表示无法用金钱去计算价值，极为珍贵，比如友情，亲情等。"马爸爸说，"所以，大壮应该把你的玩具借给小蛋和博文玩，而小蛋和博文也可以把自己的玩具借给你玩，这样你们每个人都有不同的玩具玩了。这种做法也叫物品交换，作用可大着呢。"

"物品交换？有哪些作用呢？"马大壮对于爸

爸提到的新词汇很好奇。

马爸爸把几个小朋友召集在身边，解释说："物品交换是现代社会的一种环保行为，主要分为两种形式，包括线下交换和线（网）上交换。这种做法的作用很多，可以实现物品的多次利用，减少废旧物品对环境的污染，让不同的人得到他们想要的东西。一个著名的例子是，2005 年 7 月 14 日至 2006 年 7 月 12 日，加拿大的一个人用一枚红色大曲别针，经过 16 次物物交换，最终不仅实现了用曲别针换别墅的梦想，而且还与一个出版公司签订了出版协议，并把电影拍摄权卖给了好莱坞的影视公司呢。"

"这个办法真不错，那我们都可以进行物品交换了。"马大壮高兴地说。

"我也要交换！"几个小伙伴都兴奋地提出了交换计划。

在马爸爸的引导下，每一个小朋友都找到了交换的对象和玩具。钱小蛋决定用自己的挖掘机交换马大壮的火箭，高博文决定用自己的翻滚过山车交换马大壮的足球，钱菲菲决定用自己的洋娃娃交换许思红的毛绒小熊。

"孩子们，在交换过程中，有一个重要原则你们知道吗？"马爸爸问。

"是交换的物品必须是同一类型的吗？"钱菲菲歪着头问。

"是交换的物品必须一样大吗？"许思红也搞不清楚。

马爸爸摇了摇头。

钱小蛋认真想了下，说："是不是相互交换的

物品的价格差不多？"

"小蛋真聪明。从经济学角度，在商品交换过程中必须遵循等价交换原则。<u>等价交换原则是建立在相互自愿的基础上，商品的价值或价格等量，彼此让渡商品所有权的经济行为</u>。过去，在经济还不发达的时候，人们根据各自的需要进行物品交换，比如一个人可以用弓箭去换取邻居的猎物。"马爸爸解释说，"不过，你们的物品交换与真正的商品交换有一些区别，所以不用完全遵循等价交换原则。"

"这是什么意思呢？"高博文抓住了一个发问

的机会。

"在商品交换过程中，交换对象都是生产者，都付出了劳动和成本，所以应遵循等价交换原则，这样更公平。但你们是好朋友，有深厚的友情，交换玩具是为了获得快乐，所以交换的玩具不用完全等价。"马爸爸举例说，"比如，虽然小蛋的挖掘机比大壮的火箭贵，博文的翻滚过山车比大壮的足球贵，思红的毛绒小熊比菲菲的洋娃娃贵，但通过交换，你们都得到心爱的玩具，这种快乐是不能用钱来衡量的，明白了吗？"

"生活中竟然有那么多道理。谢谢叔叔。"钱菲菲的嘴最甜。钱小蛋、高博文、许思红也纷纷礼貌地向马爸爸表示了感谢。

"爸爸，今天我学到了很多知识，这是我收到的最棒的生日礼物。"马大壮兴奋地对爸爸说。

高博文想当足球明星

本篇知识点

足球赛事　　幻想　　足球经济

勇气　　理想

运动防护

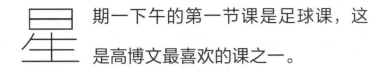

星期一下午的第一节课是足球课，这是高博文最喜欢的课之一。

足球教练段老师为了提高同学们的踢球水平，每节课都会临时组建两个队，进行对抗性训练。

今天，高博文被分在勇士队，钱小蛋被分在长城队。在勇士队中，高博文是负责进攻的前锋，而在长城队中，钱小蛋是守门员。在啦啦队中，钱菲菲和许思红支持长城队，马大壮则是勇士队的粉丝。

对抗训练开始了。高博文奔跑速度很快，只见他带球连续晃过长城队的后卫，左冲右突，很快突破对方防线，抬脚射门。

眼看足球快要钻进球门，说时迟那时快，钱小蛋向着来球方向猛扑过去，双手稳稳把球接住。

看台上，钱菲菲和许思红为钱小蛋的精彩表现热烈鼓掌。射门失败的高博文和看台上的马大壮却

钱小蛋理财记 ● 赚钱小能手

54

是一副闷闷不乐的样子。

"哎呀，疼死我了。"突然，钱小蛋抱着手掌哭了起来。

段老师第一个跑了过来，查看钱小蛋的伤势，高博文和其他几个好朋友都围了过来。幸运的是，钱小蛋只是在扑球时右手掌蹭到地面擦破一点皮，并无大碍。

"同学们，都过来一下。我们再重点讲下关于运动防护的知识。"段老师将两个队的队员全部召集在一起。

"老师，运动防护是什么？"高博文问。

"运动防护是运动损伤的预防、急救、处置与康复训练的总称。"段老师继续说，"在足球运动中，脚踝、膝盖、手肘、腰部等都是容易受伤的部位，而扭伤、摔伤、撞伤、拉伤等各种各样

的情况随时都有可能发生，所以必须时刻注意自我保护。"

"钱小蛋，你太弱了。我还没怎么用力呢，你就受伤了。"高博文爱面子的老毛病又犯了，继续说，"要是我，再疼也不会哭。"

"高博文，我再也不理你了。哼！"钱小蛋又疼又气，眼看周围几个好朋友都在，又不好意思哭出来，只能强忍着泪水。

段老师也被逗笑了。他说："高博文同学其实说得很对。在足球运动中，身体冲撞是避免不了的。一方面，我们要做好各种防护措施；另一方面，也需要有强大的勇气。勇气是什么？是敢作敢为、毫不畏惧的一种气魄。一个有勇气的人，能够克服困难、不断前进，能在学习和工作上取得成功。所以，在踢球过程中，有点小的擦伤不算什么。钱

小蛋，你说是吗？"

"嗯。老师，我懂了。"钱小蛋咧着嘴，勉强站起来，又投入到新的训练中去了。

¥🥚······¥🥚······¥🥚······

当天晚上。高博文在妈妈的带领下，来看望钱小蛋。钱妈妈正在用碘酒擦洗钱小蛋的手掌伤口，这样做可以消毒杀菌、防止感染。

钱爸爸招呼高博文和高妈妈在客厅坐下，钱菲菲热情地洗了葡萄、苹果等水果放在茶几上。

"钱妈妈，对不起啊，博文踢球不小心伤到小蛋了。"高妈妈为白天的事情表达歉意。

"阿姨，我没事。我要向博文学习呢！"钱小蛋还没等妈妈说话，就抢着回答了。

"不用客气，踢足球磕磕碰碰很正常。"钱妈妈说，"小蛋，那你说说，想向博文学习什么呢？"

"博文说，他的理想是将来要当一名足球明星。我也应该有一个理想，只是还没想好我最喜欢什么。"钱小蛋有点不好意思地低下头。

"小蛋，当足球明星是我的秘密，不能说！"高博文在一旁扯了扯钱小蛋的衣袖。

"好朋友就应该这样，互相鼓励和学习。博文，你很棒，我们都为你加油哦！"钱爸爸为两个小伙伴打气。

"爸爸，理想是什么意思？"钱菲菲爱问问题的瘾又犯了。

"理想，是对未来事物的美好想象、向往和期望。但要注意，理想可不能变成幻想哦！"爸爸提醒说，"幻想，是虚而不实的想法，不切实际或不可实现的想象。理想和幻想的区别，理想是可以通过努力实现的，而幻想是无法实现的。比如，博文长大了想当足球明星，只要努力，完全可以实现，这是理想。而如果一个人想将来当皇帝，这就是一种幻想，因为几乎不可能实现。"

"钱爸爸说得很对。博文，你要和小蛋互相鼓励，共同进步哦。"高妈妈说。

"其实，博文喜欢的足球运动，是很有发展前景的。"钱爸爸继续分析，"足球被称为世界第一运动，也是全世界最具影响力的单项体育运动。对了，因为世界各国爱好足球的人太多，还产生了很多影响力极大的足球赛事和足球经济呢。"

"叔叔，可不可以说说足球赛事和足球经济的事啊？"高博文两眼放光，用期待的眼神看着钱爸爸。

"好，叔叔简单说说。足球赛事是一切和足球有关的比赛，大多数国家都会有不同等级的赛事，当然也有大型国际比赛。比如，世界上著名的几大重要赛事有意大利足球甲级联赛，简称'意甲'；英格兰足球超级联赛，简称'英超'。

我们国家最高级别的职业足球联赛，是中国足球协会超级联赛，简称'中超'。"钱爸爸喝了一口茶，继续说，"足球经济是以足球及相关产业为主体的一种经济形式，它通过赛事转播、球员交换、周边产品售卖等方式来实现。比如，一支球队花很多钱培养一名球员，该球员一旦成功被卖到其他球队，原来的球队和该球员就会获得很高的经济回报。

"哇。这么厉害。看来我要多多训练才行。谢谢叔叔。"高博文向钱爸爸表示了感谢。

"不客气，你要加油哦！"钱爸爸鼓励道。

许思红的裙子被踩坏了

本篇知识点

赔偿　　照价赔偿

斤斤计较　　担当　　补偿

计划支出　　计划外支出

星期二，上完早上第二节课之后，所有人都要到操场集合做课间操。在下楼梯时，男同学们争先恐后，跑得飞快。突然，只听"嗤"的一声，许思红的裙子被后面的马大壮踩到，裙摆被撕破了。

这条裙子是她姨妈送给她的生日礼物，她一直都舍不得穿，没想到新裙子第一天就被踩坏了，许思红当场急哭了。

班主任毛老师把马大壮和许思红带到了办公室。

"毛老师，我不是故意的，我错了。"马大壮转过身，向许思红道歉，"许思红，对不起。"

"你赔我。这是我姨妈送我的裙子。"许思红的眼里噙满了泪水。

"马大壮同学，老师反复交代不准在楼梯上奔跑，容易发生危险。今天只是踩坏裙子，下一次要是把人撞下楼梯怎么办？对此，老师要提出批评，不能再有下一次。"毛老师严厉地说，"不过，你第一时间认错并且向许思红同学道歉，这点做得很好。"

马大壮低下了头。

"许思红同学，马大壮同学已经认识到错误，也道了歉。如果你坚持让他赔偿的话，我就通知你们双方的父母来学校。"毛老师提出解决办法，"至于赔偿标准嘛，可以采取照价赔偿的办法。"

"毛老师，什么是赔偿？照价赔偿又是什么意思？"马大壮怯生生地问。许思红也用茫然的眼神看着毛老师。

"赔偿是指因某人的行为对他人或单位造成财产损失，对他人或单位进行经济补偿或

60

赔款。比如，你踩坏了许思红的裙子，就应该对她进行赔偿；照价赔偿，就是按照市场价格进行赔偿。比如，许思红的裙子目前市场上的价格为 200 元，你可以赔偿她 200 元，或再买一条款式、尺寸、颜色一样的裙子赔给她。懂了吗？"毛老师耐心解释。

"知道了，老师。"马大壮小声回答。

如果老师通知父母来学校，马大壮肯定要被家长教训一顿，说不定还要挨他爸爸的揍呢，而马大壮是她和小蛋的好朋友，要是闹僵了，今后马大壮可能就不和她玩了，想到这里，许思红做了一个重大的决定。

"毛老师，我不要马大壮赔了。裙子我让妈妈缝一下就可以了。"许思红向老师报告。

"是真的吗？"马大壮以为自己听错了。

"嗯。马大壮,谁让我们是好朋友呢。"许思红笑了起来。

"许思红,你太好了。谢谢!"马大壮嘴巴都笑歪了。

看到两个好朋友和好如初,毛老师也欣慰地笑了。

¥▮……¥▮……¥▮……

下午放学回到家,许思红把在学校发生的事情,如实向妈妈做了汇报。

许妈妈对许思红的做法进行了表扬。妈妈说:"你做得很好,好朋友之间不应该斤斤计较。来,妈妈用缝纫机把裙子破的地方缝好,马上又可以穿了。"

"斤斤计较是什么意思啊?妈妈。"许思红问。

"斤斤计较的意思是对无关紧要的小事过分计较。做人如果太计较,会失去很多快乐和友情,记住了。"妈妈叮嘱道。

正在这时,马妈妈带着马大壮登门道歉。许妈妈起身让座。

马妈妈拿出 200 元钱,说:"实在对不起,这是我们家大壮损坏思红的裙子的赔偿款,请务必收下。"

"马妈妈,不必客气,赔偿就不用了。大壮在学校已经认错并道歉,思红也做出了不要赔偿的决定,我觉得他们都表现得很好。"许妈妈说。

"谢谢阿姨,谢谢思红。"马大壮的态度很诚恳。

"大壮的表现很不错,你勇于认错,这是男子汉应该有的担当。"许妈妈表扬说。

"妈妈,什么是担当?"许思红对这个新词汇很感兴趣。

"担当就是担负任务和承担责任。一个人遇到问题不退缩、有担当，才能做出一番事业回报社会。比如，那些发送卫星上天的科学家，让城市变得漂亮的环卫工人，都是有担当的人。你们今后都要做一个有担当的人。"许妈妈鼓励说。

许思红和马大壮点了点头。

"思红也很棒呢，表现得大度、包容。"马妈妈也对许思红提出表扬。

"谢谢阿姨。"许思红很开心。

马大壮和妈妈在许思红家待了一个小时左右，就回家了。

从许思红家里出来，马大壮一路上默不作声，

一副闷闷不乐的样子。

"大壮，你怎么了？哪里不舒服吗？"妈妈关心地问。

"妈妈，虽然许思红不让我赔她的裙子，但我觉得过意不去。"马大壮说。

"嗯，那你打算怎么做呢？"妈妈问。

"我打算用零花钱买一本课外书送给许思红。这样我就不用觉得对不起她了。"马大壮说出了计划。

"这个办法很好。这种做法叫补偿，许思红一定很开心，觉得你是个讲道理的好朋友。"妈妈说。

马大壮也觉得自己的主意很棒，但他不明白什么叫补偿，于是问："妈妈，补偿是什么意思？"

"补偿就是一个人让对方在某一方面发生损失，然后在另一方面进行弥补的行为。比如，

你把许思红的裙子弄坏了，她放弃了赔偿，而你用课外书进行补偿，这样一来，虽然她在一方面有所损失，但在其他方面有所收获。"妈妈说。

"妈妈，我今后再也不乱跑乱跳了，乱跑乱跳不但影响别人，而且还让我的零花钱变少了。"马大壮自我检讨。

"对，因为你做错事，所以你不得不从零花钱里额外支出一笔钱，这笔钱是计划外支出，是对你所犯错误进行的应有的惩罚。"妈妈说。

"计划外支出？"马大壮觉得妈妈的话很有意思。

"嗯。支出分计划支出、计划外支出。<u>计划支出，就是家庭、企业、政府或个人原本就计划好的支出。计划外支出，意思是没有在计划之内的支出</u>。比如，你原本没有计划买一本课外书，但为了补偿许思红却买了，这就属于计划外支出。"

"懂了。谢谢妈妈。"得到妈妈的表扬，还学到了新知识，马大壮所有的不开心一扫而光，他拉着妈妈的手，高高兴兴向家走去。

钱小蛋理财记 ● 赚钱小能手

图书在版编目（CIP）数据

钱小蛋理财记. 赚钱小能手 / 姚茂敦著；汪智昊绘 . —北京：电子工业出版社，2020.7
（写给青少年的财商课）
ISBN 978-7-121-38846-0

Ⅰ . ①钱… Ⅱ . ①姚… ②汪… Ⅲ . ①财务管理—青少年读物 Ⅳ . ① TS976.15-49

中国版本图书馆 CIP 数据核字（2020）第 048237 号

责任编辑：刘声峰
印　　刷：北京缤索印刷有限公司
装　　订：北京缤索印刷有限公司
出版发行：电子工业出版社
　　　　　北京市海淀区万寿路 173 信箱　　邮编：100036
开　　本：880×1230　1/16　印张：18　字数：207 千字
版　　次：2020 年 7 月第 1 版
印　　次：2020 年 7 月第 1 次印刷
定　　价：158.00 元（共 4 册）

　　凡所购买电子工业出版社图书有缺损问题，请向购买书店调换。若书店售缺，请与本社发行部联系，
联系及邮购电话：（010）88254888，88258888。
　　质量投诉请发邮件至 zlts@phei.com.cn，盗版侵权举报请发邮件至 dbqq@phei.com.cn。
　　本书咨询联系方式：39852583（QQ）。